目　次

前言 ⋯⋯ Ⅲ
引言 ⋯⋯ Ⅳ
1 范围 ⋯⋯ 1
2 规范性引用文件 ⋯⋯⋯⋯⋯⋯⋯⋯⋯⋯⋯⋯⋯⋯⋯⋯⋯⋯⋯⋯⋯⋯⋯⋯⋯⋯⋯⋯⋯⋯⋯⋯⋯⋯⋯⋯⋯ 1
3 术语和定义 ⋯⋯⋯⋯⋯⋯⋯⋯⋯⋯⋯⋯⋯⋯⋯⋯⋯⋯⋯⋯⋯⋯⋯⋯⋯⋯⋯⋯⋯⋯⋯⋯⋯⋯⋯⋯⋯⋯⋯ 1
　3.1　术语 ⋯⋯⋯⋯⋯⋯⋯⋯⋯⋯⋯⋯⋯⋯⋯⋯⋯⋯⋯⋯⋯⋯⋯⋯⋯⋯⋯⋯⋯⋯⋯⋯⋯⋯⋯⋯⋯⋯⋯ 1
　3.2　符号 ⋯⋯⋯⋯⋯⋯⋯⋯⋯⋯⋯⋯⋯⋯⋯⋯⋯⋯⋯⋯⋯⋯⋯⋯⋯⋯⋯⋯⋯⋯⋯⋯⋯⋯⋯⋯⋯⋯⋯ 3
4 总则 ⋯⋯ 4
5 施工准备 ⋯⋯⋯⋯⋯⋯⋯⋯⋯⋯⋯⋯⋯⋯⋯⋯⋯⋯⋯⋯⋯⋯⋯⋯⋯⋯⋯⋯⋯⋯⋯⋯⋯⋯⋯⋯⋯⋯⋯ 4
　5.1　一般规定 ⋯⋯⋯⋯⋯⋯⋯⋯⋯⋯⋯⋯⋯⋯⋯⋯⋯⋯⋯⋯⋯⋯⋯⋯⋯⋯⋯⋯⋯⋯⋯⋯⋯⋯⋯⋯ 4
　5.2　施工组织设计 ⋯⋯⋯⋯⋯⋯⋯⋯⋯⋯⋯⋯⋯⋯⋯⋯⋯⋯⋯⋯⋯⋯⋯⋯⋯⋯⋯⋯⋯⋯⋯⋯⋯⋯ 4
　5.3　施工场地与临时工程 ⋯⋯⋯⋯⋯⋯⋯⋯⋯⋯⋯⋯⋯⋯⋯⋯⋯⋯⋯⋯⋯⋯⋯⋯⋯⋯⋯⋯⋯⋯ 5
　5.4　施工人员、材料和设备 ⋯⋯⋯⋯⋯⋯⋯⋯⋯⋯⋯⋯⋯⋯⋯⋯⋯⋯⋯⋯⋯⋯⋯⋯⋯⋯⋯⋯⋯ 5
　5.5　施工测量 ⋯⋯⋯⋯⋯⋯⋯⋯⋯⋯⋯⋯⋯⋯⋯⋯⋯⋯⋯⋯⋯⋯⋯⋯⋯⋯⋯⋯⋯⋯⋯⋯⋯⋯⋯⋯ 5
　5.6　施工脚手架和平台架 ⋯⋯⋯⋯⋯⋯⋯⋯⋯⋯⋯⋯⋯⋯⋯⋯⋯⋯⋯⋯⋯⋯⋯⋯⋯⋯⋯⋯⋯⋯ 6
6 锚杆（索）施工 ⋯⋯⋯⋯⋯⋯⋯⋯⋯⋯⋯⋯⋯⋯⋯⋯⋯⋯⋯⋯⋯⋯⋯⋯⋯⋯⋯⋯⋯⋯⋯⋯⋯⋯⋯⋯ 6
　6.1　一般规定 ⋯⋯⋯⋯⋯⋯⋯⋯⋯⋯⋯⋯⋯⋯⋯⋯⋯⋯⋯⋯⋯⋯⋯⋯⋯⋯⋯⋯⋯⋯⋯⋯⋯⋯⋯⋯ 6
　6.2　锚孔定位与成孔 ⋯⋯⋯⋯⋯⋯⋯⋯⋯⋯⋯⋯⋯⋯⋯⋯⋯⋯⋯⋯⋯⋯⋯⋯⋯⋯⋯⋯⋯⋯⋯⋯ 7
　6.3　锚杆（索）制作、存储与安放 ⋯⋯⋯⋯⋯⋯⋯⋯⋯⋯⋯⋯⋯⋯⋯⋯⋯⋯⋯⋯⋯⋯⋯⋯⋯⋯ 7
　6.4　注浆 ⋯⋯⋯⋯⋯⋯⋯⋯⋯⋯⋯⋯⋯⋯⋯⋯⋯⋯⋯⋯⋯⋯⋯⋯⋯⋯⋯⋯⋯⋯⋯⋯⋯⋯⋯⋯⋯⋯ 8
　6.5　锚杆（索）防腐与锚头处理 ⋯⋯⋯⋯⋯⋯⋯⋯⋯⋯⋯⋯⋯⋯⋯⋯⋯⋯⋯⋯⋯⋯⋯⋯⋯⋯⋯ 8
7 预应力锚杆（索）施工 ⋯⋯⋯⋯⋯⋯⋯⋯⋯⋯⋯⋯⋯⋯⋯⋯⋯⋯⋯⋯⋯⋯⋯⋯⋯⋯⋯⋯⋯⋯⋯⋯ 8
　7.1　一般规定 ⋯⋯⋯⋯⋯⋯⋯⋯⋯⋯⋯⋯⋯⋯⋯⋯⋯⋯⋯⋯⋯⋯⋯⋯⋯⋯⋯⋯⋯⋯⋯⋯⋯⋯⋯⋯ 8
　7.2　锚孔定位与成孔 ⋯⋯⋯⋯⋯⋯⋯⋯⋯⋯⋯⋯⋯⋯⋯⋯⋯⋯⋯⋯⋯⋯⋯⋯⋯⋯⋯⋯⋯⋯⋯⋯ 9
　7.3　杆体的制作、储存与安放 ⋯⋯⋯⋯⋯⋯⋯⋯⋯⋯⋯⋯⋯⋯⋯⋯⋯⋯⋯⋯⋯⋯⋯⋯⋯⋯⋯⋯ 9
　7.4　注浆 ⋯⋯⋯⋯⋯⋯⋯⋯⋯⋯⋯⋯⋯⋯⋯⋯⋯⋯⋯⋯⋯⋯⋯⋯⋯⋯⋯⋯⋯⋯⋯⋯⋯⋯⋯⋯⋯⋯ 10
　7.5　张拉与锁定 ⋯⋯⋯⋯⋯⋯⋯⋯⋯⋯⋯⋯⋯⋯⋯⋯⋯⋯⋯⋯⋯⋯⋯⋯⋯⋯⋯⋯⋯⋯⋯⋯⋯⋯⋯ 11
　7.6　预应力锚杆（索）防腐 ⋯⋯⋯⋯⋯⋯⋯⋯⋯⋯⋯⋯⋯⋯⋯⋯⋯⋯⋯⋯⋯⋯⋯⋯⋯⋯⋯⋯⋯ 13
8 其他锚固工程施工 ⋯⋯⋯⋯⋯⋯⋯⋯⋯⋯⋯⋯⋯⋯⋯⋯⋯⋯⋯⋯⋯⋯⋯⋯⋯⋯⋯⋯⋯⋯⋯⋯⋯⋯ 13
　8.1　一般规定 ⋯⋯⋯⋯⋯⋯⋯⋯⋯⋯⋯⋯⋯⋯⋯⋯⋯⋯⋯⋯⋯⋯⋯⋯⋯⋯⋯⋯⋯⋯⋯⋯⋯⋯⋯⋯ 13
　8.2　锚杆（索）挡土墙施工 ⋯⋯⋯⋯⋯⋯⋯⋯⋯⋯⋯⋯⋯⋯⋯⋯⋯⋯⋯⋯⋯⋯⋯⋯⋯⋯⋯⋯⋯ 13
　8.3　锚喷支护施工 ⋯⋯⋯⋯⋯⋯⋯⋯⋯⋯⋯⋯⋯⋯⋯⋯⋯⋯⋯⋯⋯⋯⋯⋯⋯⋯⋯⋯⋯⋯⋯⋯⋯ 14
　8.4　土钉墙施工 ⋯⋯⋯⋯⋯⋯⋯⋯⋯⋯⋯⋯⋯⋯⋯⋯⋯⋯⋯⋯⋯⋯⋯⋯⋯⋯⋯⋯⋯⋯⋯⋯⋯⋯⋯ 15
9 锚杆（索）试验 ⋯⋯⋯⋯⋯⋯⋯⋯⋯⋯⋯⋯⋯⋯⋯⋯⋯⋯⋯⋯⋯⋯⋯⋯⋯⋯⋯⋯⋯⋯⋯⋯⋯⋯⋯⋯ 15
　9.1　一般规定 ⋯⋯⋯⋯⋯⋯⋯⋯⋯⋯⋯⋯⋯⋯⋯⋯⋯⋯⋯⋯⋯⋯⋯⋯⋯⋯⋯⋯⋯⋯⋯⋯⋯⋯⋯⋯ 15

9.2 锚杆(索)的基本试验 ……………………………………………………………………… 15
9.3 锚杆(索)的验收试验 ……………………………………………………………………… 16
9.4 锚杆(索)的蠕变试验 ……………………………………………………………………… 18
9.5 锚杆(索)的无损检测 ……………………………………………………………………… 19
10 锚固工程监测与维护 ……………………………………………………………………………… 20
  10.1 一般规定 …………………………………………………………………………………… 20
  10.2 监测项目 …………………………………………………………………………………… 20
  10.3 预应力锚杆(索)拉力的长期监测 ………………………………………………………… 21
  10.4 锚杆(索)腐蚀状况检查分析 ……………………………………………………………… 21
  10.5 锚固工程安全状态的预警值 ……………………………………………………………… 21
  10.6 监测信息反馈与处理 ……………………………………………………………………… 22
11 工程质量检验及验收 ……………………………………………………………………………… 22
  11.1 一般规定 …………………………………………………………………………………… 22
  11.2 锚杆(索)施工质量控制与检验 …………………………………………………………… 22
  11.3 锚杆(索)挡土墙施工质量控制与检验 …………………………………………………… 23
  11.4 锚喷支护质量控制与检验 ………………………………………………………………… 24
  11.5 不合格锚杆(索)的处理 …………………………………………………………………… 25
  11.6 竣工验收 …………………………………………………………………………………… 25
附录A(资料性附录) 地质灾害锚固治理工程施工记录表 ………………………………………… 26
附录B(规范性附录) 荷载分散型锚杆(索)的张拉锁定方法 …………………………………… 30
附录C(规范性附录) 锚杆(索)的极限抗拔试验 …………………………………………………… 32
附录D(规范性附录) 喷射混凝土抗压强度标准试块制作方法 …………………………………… 35
附录E(规范性附录) 喷射混凝土黏结强度试验 …………………………………………………… 36
本规程用词说明 ………………………………………………………………………………………… 37

前言

本规程按照 GB/T 1.1—2009《标准化工作导则 第1部分：标准的结构和编写》给出的规则起草。

本规程附录 A 为资料性附录，附录 B、C、D、E 为规范性附录。

本规程由中国地质灾害防治工程行业协会提出并归口。

本规程起草单位：重庆市基础工程有限公司、重庆市高新工程勘察设计院有限公司、重庆交通大学、福建省交通规划设计院、重庆市地矿建设(集团)有限公司、重庆市爆破工程建设有限责任公司。

本规程主要起草人：江保富、叶四桥、王凯、王家海、易朋莹、谢常伟、周勇、陈敏、张顺斌、何杰、孟祥栋、陈辉、李鹏勋、庞才林、章澎、吕贞勇、宋建合、汪龙。

本规程由中国地质灾害防治工程行业协会负责解释。

引 言

为推动地质灾害治理锚固工程行业健康发展，国土资源部发布了《国土资源部关于编制和修订地质灾害防治行业标准工作的公告》（国土资源部公告〔2013〕12号），确定将《地质灾害治理锚固工程施工技术规范》纳入地质灾害防治行业标准。

为提高地质灾害治理锚固工程施工技术经济水平，统一技术标准，确保工程质量，保证施工安全与环保，制定本规程。

本规程是在收集和研究国内地质灾害治理锚固工程施工技术基础上，经广泛调查研究，总结我国地质灾害治理锚固工程施工经验和教训编写而成。

地质灾害治理锚固工程施工技术规程(试行)

1 范围

本规程规定了地质灾害治理锚固工程施工预应力、非预应力锚固工程,格构锚,喷锚等锚固工程的施工、试验、监测及验收要求。

本规程适用于地质灾害治理工程中的锚杆(索)、锚索和锚喷支护等锚固工程的施工、试验、监测及验收。

2 规范性引用文件

下列文件对于本规程的应用是必不可少的。凡是注日期的引用文件,仅所注日期的版本适用于本文件。凡是不注日期的引用文件,其最新版本(包括所有的修改单)适用于本文件。

GB 50026　工程测量规范
GB 50086　岩土锚杆与喷射混凝土支护工程技术规范
GB 50203　砌体结构工程施工质量验收规范
GB 50204　混凝土结构工程施工质量验收规范
GB 50330　建筑边坡工程技术规范
GB 50666　混凝土结构工程施工规范
GB 50924　砌体结构工程施工规范
GB/T 32864　滑坡防治工程勘查规范
CECS 22　岩土锚杆(索)技术规程(附条文说明)
DL/T 5083　水利水电工程预应力锚索施工规范
DZ/T 0219　滑坡防治工程设计与施工技术规范
GJB 5055　土钉支护技术规范
JGJT 182　锚杆锚固质量无损检测技术规程

3 术语和定义

3.1 术语

下列术语和定义适用于本规程。

3.1.1
锚固 anchoring
通过锚杆(索)将不稳定岩土体或结构与稳定岩土体紧密联结,达到加固不稳定体的工程措施。

3.1.2
预应力锚索 anchor cable
通过钻孔将受拉索体固定于深部稳定的地层中,并在被加固体表面张拉产生预应力,从而达到使被加固体稳定和限制其变形目的的工程技术。

3.1.3
锚杆(索) bolting

固定在地层钻孔中或直接打入地层中起约束地层变形作用的细长杆件。

3.1.4
锚索自由段 free segment of cable

指在锚索孔中能够自由伸长、未同锚固剂黏结的部分。

3.1.5
锚索锚固段 anchoring section

指通过胶结材料或金属加工的机械装置锚固到岩体内的锚索部分,如果设置止浆环,是指止浆环到孔底的部分。

3.1.6
锚具 anchorage

指将预应力锚索的张拉力传递给被锚固介质的永久锚固装置。

3.1.7
土钉 soil nailing

沿孔全长注浆,依靠与土体之间的界面黏结力或摩擦力在土体发生变形的条件下被动受力并主要承受拉力作用,用来加固或同时锚固现场原位土体的杆件。

3.1.8
压力型锚索 tensioned grout anchor

锚索受力时,锚固段注浆体处于受压状态的锚索。

3.1.9
拉力型锚索 pressured grout cable

锚索受力时,锚固段注浆体处于受拉状态的锚索。

3.1.10
荷载分散型锚索 load-dispersion type anchorage cable

在一个锚孔中,由几个单元锚索组成的复合锚固体系。它能将锚固力分散作用于锚固段的不同部位上。它分为拉力分散型、压力分散型和拉压复合型三种。

3.1.11
基本试验 basic test

为确定锚杆(索)极限承载力和获得有关设计参数而进行的试验。

3.1.12
验收试验 acceptance test

为检验锚杆(索)施工质量及承载力是否满足设计要求而进行的试验。

3.1.13
蠕变试验 creep test

为掌握锚杆(索)的蠕变性能而进行的试验。

3.1.14
锚杆(索)挡土墙 anchored retaining wall by tie rods

由钢筋混凝土板和锚杆(索)组成,依靠锚固在岩土层内的锚杆(索)的水平拉力承受土体侧压力的挡土墙。

3.1.15
喷锚支护 anchorage-shotcrete-support

单独或结合使用喷混凝土、锚杆(索)、加钢丝网支护围岩的措施。

3.1.16
土钉挡土墙 soil nail bolting and shotcrete retaining wall

它由被加固土放置于原位土体中的金属杆件(土钉)以及附着于坡面的混凝土护面板组成,形成一个类似重力式的挡土墙,以此来抵抗墙后传来的土压力和其他作用力,从而达到加固土体和稳定坡面的目的。

3.2 符号

3.2.1 几何参数

H——挡墙高度,土钉墙高度(m);

S_{xj}——锚杆(索)的水平间距(m);

S_{yj}——锚杆(索)的垂直间距(m);

α——锚杆(索)倾角(°);

A_s——锚杆(索)钢筋或预应力筋截面面积(mm^2);

l_a——锚杆(索)锚固段长度(m);

D——锚杆(索)钻孔直径(mm);

d——锚杆(索)直径(mm);

n——杆体根数,土钉排数,荷载分散型锚杆(索)单元个数;

L——钢绞线下料长度(m);

L_i——荷载分散型锚杆(索)每个单元锚杆(索)的长度(m);

s——实测孔道长度(m);

h——锚垫板外钢绞线使用长度(m);

h_1——孔口外张拉端钢绞线使用长度(m);

h_2——孔口外被动端钢绞线使用长度(m);

S_1——锚杆(索)蠕变试验 t_1 时所测得的蠕变量(mm);

S_2——锚杆(索)蠕变试验 t_2 时所测得的蠕变量(mm)。

3.2.2 作用和作用效应

T_d——锚杆(索)拉力设计值(kN);

T_n——单元锚杆(索)所受的拉力(kN);

E_s——钢绞线的弹性模量(MPa);

N_{sd}——极限抗拔试验锚杆(索)拉力设计值(kN);

N_{Rm}^c——极限抗拔试验锚杆(索)极限抗拔力实测平均值(kN);

N_{Rmin}^c——极限抗拔试验锚杆(索)极限抗拔力实测最小值(kN);

N_{Rk}·*——极限抗拔试验锚杆(索)极限抗拔力标准值(kN);

$[\gamma_u]$——极限抗拔试验锚固承载力检验系数允许值。

4 总则

4.1 地质灾害治理锚固工程施工前应取得下列基础资料：
   a) 锚固工程施工及影响区内的建（构）筑物和地下管线分布及规划资料；
   b) 锚固工程施工所依据的勘查成果、设计图纸及监测资料；
   c) 施工场地水文、地质及周边环境资料；
   d) 供水、供电、材料转运和施工机械供应条件；
   e) 类似锚固工程施工技术资料。

4.2 地质灾害治理锚固施工应建立完善的质量保证体系，制定切实可行的质量管理制度和措施，保证工程质量。

4.3 地质灾害治理锚固工程施工应遵守国家和行业的安全生产、劳动保护法律法规，保护地质环境，制定切实可行的安全制度和措施，保证施工安全。
   a) 开工前应编制安全文明施工专项方案，并报监理和建设单位批准后实施，该专项方案应包括工程概况、安全生产责任制度、安全生产管理制度、安全生产管理目标、奖罚及保障措施、分项工程安全技术措施、重大危险源识别与控制、事故应急预案等内容；
   b) 对影响安全的重要工序和危险性较大的分部分项工程应编制专项施工方案，组织专家论证，并报监理人和建设单位批准后实施，由专职安全生产管理人员进行现场监督；
   c) 施工人员应配备必要的安全生产和劳动保护用具，并加强安全教育和培训；
   d) 施工区域应根据工程安全环境和特点配置必要的救援物资和器材；
   e) 应针对项目特点制定相应应急预案并进行演练。

4.4 地质灾害治理锚固工程施工应遵守国家和行业相应环境保护法规，履行环境保护义务。

4.5 地质灾害治理锚固工程施工应按图施工，并遵循动态设计及信息法施工原则。

4.6 本规程采用新技术、新材料时，应注重积累应用经验，并逐步补充完善。

4.7 地质灾害治理锚固工程施工除应符合本规程外，应符合国家现行有关规范和标准的规定。

5 施工准备

5.1 一般规定

5.1.1 地质灾害治理锚固工程开工前，应在理解设计要求、现场调查和核对的基础上，召开设计交底会。

5.1.2 在详尽的现场调查后，应根据设计要求、合同、现场情况等，编制实施性施工组织设计，并按规定报批。

5.1.3 临时工程应满足正常施工需要，保证地质灾害治理锚固工程施工不影响原区域建（构）筑物等设施的使用功能。

5.2 施工组织设计

5.2.1 为了确保地质灾害治理锚固工程施工的安全、质量、进度和成本控制要求，开工前应按设计文件及规范要求编制实施性施工组织设计。对于重点工序和质量控制重点应单独编制施工方案。

5.2.2 编制地质灾害治理锚固工程施工组织设计前应收集下列情况和资料：

a) 防治工程勘查报告、设计图纸等技术文件,包括本工程的全部施工图纸、说明书、会审记录、所需的标准图集及其他设计资料等;
b) 治理区域地形及地貌;
c) 施工区域及影响区建筑物和构筑物的情况;
d) 降水、风向、风速等气象资料;
e) 调查场地条件,如施工现场地上和地下障碍物情况,周围建筑物的坚固程度、交通运输与水电状况;
f) 与工程有关的国家和地方法律法规、施工验收规范、质量标准、操作规程等;
g) 现场调查与工程实施相关的主要建筑材料、设备及特种物资在当地的生产与供应情况;
h) 当地安全施工和环境保护相关的文件及资料;
i) 工程特点和现场条件的其他情况及资料。

5.2.3 施工组织设计的内容应包括工程概况、施工部署、施工方案、施工顺序、施工进度计划、施工质量保证措施、施工进度保证措施、施工安全与环保保证措施,以及施工总平面布置图、各项人员、机械、物资需求计划、主要技术措施、主要经济指标等。

5.3 施工场地与临时工程

5.3.1 施工场地应结合工程规模、工期、地形特点、地质灾害体危害对象特性、弃渣场,以及人员办公、施工活动开展、施工用水、用电,材料储存和转运、安全避险等需要进行合理布置。
5.3.2 临时工程应满足施工安全和施工便捷的需要,应避免扰动地质灾害体和受其威胁。
5.3.3 严禁将临时房屋布置在崩塌、滑坡、泥石流、洪水等自然灾害威胁的地段。
5.3.4 锚固工程施工前,应根据现场情况,结合永久性截排水设计,做好截排水设施。

5.4 施工人员、材料和设备

5.4.1 从事地质灾害治理锚固工程施工的各类特种作业人员均应持证上岗。
5.4.2 地质灾害治理锚固工程施工前应对施工人员进行安全教育培训和安全技术交底。
5.4.3 应作好工程所需材料供应计划,对进场原材料进行复检,确保其主要技术性能符合设计要求,并按规定进行储存和运输。
5.4.4 应配备满足工程需要的施工设备和仪器,按规定进行检验、标定、维修保养工作,并正确操作和使用。

5.5 施工测量

5.5.1 施工前,设定控制测量等级,确定测量方法,估算误差范围,施工测量允许偏差见表1。
5.5.2 施工测量应符合下列规定:
a) 施工前建设单位应组织设计单位向施工单位进行现场交桩,并由施工单位组织测量人员进行桩点校核;
b) 施工设置的临时基准点控制桩必须设在崩塌体影响范围之外和便于观测的位置,并采取保护措施,临时基准点的数量不得少于两个;
c) 控制测量桩点必须稳定、可靠;
d) 用于测量的设计图资料应认真核对,确认无误方可使用,引用数据资料必须核对;
e) 已建构筑物与本工程衔接的平面位置及高程,开工前必须校测。

表 1 施工测量允许偏差

项目		允许偏差
水准线路测量高程闭合差/mm	平地	±20
	山地	±6
导线测量方位角闭合差/″		±40
导线测量相对闭合差		1/3 000
直接丈量测距两次较差		1/5 000

5.5.3 平面控制网的布设原则为：因地制宜，分级布网，逐级控制，要有足够的精度、密度，要有统一的规格。

5.5.4 测量放样时，应注意核对设计文件与现场的地形、坡度、角度是否相符。

5.5.5 施工测量应贯穿于整个施工过程，在施工过程中，还应对地质灾害体和锚固结构的位移和变形进行测量，并做好记录和相应的评定，发现问题及时处理。

5.5.6 锚孔定位和放线误差应满足设计和规范要求。

5.6 施工脚手架和平台架

5.6.1 锚固工程施工用脚手架和平台架应制定专项施工方案，内容应包括：设计计算、基础处理、搭设要求、杆件间距及连岩件设置位置、连接方法，并绘制施工详图及大样图；按规定程序报批后实施。

5.6.2 锚固工程施工脚手架和施工平台架宜采用 $\phi 48.3\ mm \times 3.6\ mm$ 钢管搭设，脚手板宜采用钢、木、竹材料制作，单块脚手板的质量不宜大于 30 kg。

5.6.3 脚手架和施工平台架搭设前，施工负责人应按照施工方案要求，结合施工现场作业条件和队伍情况，作详细的技术交底，并有专人指挥。

5.6.4 脚手架和施工平台架搭设完毕，应按照施工方案和规范要求分段进行逐项检查验收，确认符合要求后，方可投入使用。

5.6.5 搭设好的脚手架和施工平台架应执行挂牌制度和巡检制度，每日应检查所使用的脚手架整体、构件和脚手板的状况，如有缺陷，须立即整修。

5.6.6 脚手架和施工平台架的拆除应符合下列规定：
   a) 拆除前应清除架上工具、材料和杂物；
   b) 拆除时应设立警示标志和警戒区，并由专人负责警戒；
   c) 脚手架和施工平台架的拆除顺序应遵循先装后拆、后装先拆的原则，连岩件不得提前拆除。

6 锚杆（索）施工

6.1 一般规定

6.1.1 锚杆（索）施工主要工序包括钻孔定位、成孔、清孔、锚杆（索）制安、注浆、养护和检验。

6.1.2 在进行锚杆（索）施工前，应充分核对设计条件、地层条件和环境条件，在确保施工安全和有利于环保的前提下，按图施工。

6.1.3 施工前要认真检查原材料型号、品种、规格及锚杆（索）各部件的质量，并确认原材料和施工设备的主要技术性能符合设计要求。

6.1.4 工程锚杆(索)施工前,宜取两根锚杆(索)进行钻孔、注浆的试验性作业,校核施工工艺和施工设备的适应性。

6.2 锚孔定位与成孔

6.2.1 锚杆(索)钻孔的定位与成孔应符合下列规定:
   a) 钻孔前,根据设计要求和地层条件,定出孔位,做出标记;
   b) 锚杆(索)钻孔不得扰动周围地层,钻孔用水对地层有不良影响时,应采用干法成孔工艺,孔壁易坍塌地层应采用跟管钻进成孔;
   c) 锚杆(索)水平、垂直方向的孔距误差不应大于100 mm;钻头直径不应小于设计钻孔直径3 mm;
   d) 钻机就位准确,钻机立轴与设计钻孔轴线一致,钻机应固定牢固、可靠,钻孔轴线的偏斜率不应大于锚杆(索)长度的2%;
   e) 锚杆(索)钻孔深度不应小于设计长度,也不宜大于设计长度500 mm;
   f) 终孔后应使用压缩空气或压力水进行清洗;
   g) 应有部分锚孔采用取芯钻孔的措施,便于揭露地质情况,成孔施工中应做好施工地质编录工作,成孔完成后应及时按附录A.1填写钻孔施工记录表。
   h) 成孔施工过程中出现与勘查或设计不符时,应及时反馈,并进行工程洽商和变更。

6.2.2 在不稳定土层中,或地层受扰动导致水土流失而危及地质灾害体,或临近建筑物或影响公用设施的稳定性时,宜采用套管护壁钻孔。

6.2.3 在钻孔过程中,如遇岩体破碎或地下水渗漏严重钻进受阻时,应采取固结灌浆等堵漏措施。若岩性软弱孔壁易坍塌,应采取跟管法钻进成孔。

6.2.4 锚孔验收合格后,应及时安装锚杆(索)。

6.3 锚杆(索)制作、存储与安放

6.3.1 锚杆(索)的制作应符合下列规定:
   a) 锚杆(索)的制作宜在工厂或施工现场的专门作业棚内进行;
   b) 严格按设计要求制备锚杆(索)、托板、螺母等锚杆(索)部件,锚杆(索)上应附有居中构造;
   c) 在锚固段长度范围内,锚杆(索)上不得有可能影响注浆体有效黏结和影响锚杆(索)使用寿命的有害物质,并应确保满足设计要求的注浆体保护层厚度,沿锚杆(索)轴线方向每隔1.5 m~2.0 m应设置一个对中支架;
   d) 锚杆(索)制作时应按设计要求进行防腐处理;
   e) 锚杆(索)的连接宜采用机械连接,锚杆(索)钢筋切断应采用切割机切断,不能用电(气)焊切断。

6.3.2 锚杆(索)的储存应符合下列规定:
   a) 锚杆(索)制作完成后应尽早使用,不宜长期存放;
   b) 应避免机械损伤锚杆(索)体或油渍和泥土溅落在锚杆(索)体上;
   c) 当存放环境相对湿度超过85%时,锚杆(索)外露部分应进行防潮处理;
   d) 对存放时间较长的锚杆(索),在使用前必须进行严格检查。

6.3.3 杆体的安放应符合下列规定:
   a) 在锚杆(索)放入孔内或注浆前,必须清除孔内岩粉和积水;

b) 在锚杆(索)放入钻孔前,应检查锚杆(索)的加工质量,确保满足设计要求;
c) 安放锚杆(索)前,应防止扭压和弯曲,注浆管宜随杆体一同放入钻孔,锚杆(索)放入孔内应与钻孔角度保持一致;
d) 全长黏结型锚杆(索)插入孔内的深度不应小于锚杆(索)长度的95%,锚杆(索)安放后,不得随意敲击,不得悬挂重物。
e) 加工完成的锚杆(索)在搬运和安放时应避免机械损伤、介质侵蚀和污染。

6.4 注浆

6.4.1 锚杆(索)注浆应遵守下列规定:
a) 注浆材料应根据设计要求确定,注浆前应做配合比试验;
b) 对下倾的锚杆(索)注浆时,先插杆后注浆施工;
c) 注浆管应插入孔底,然后拔出50 mm~100 mm开始注浆,注浆管随浆液的注入缓慢匀速拔出,使孔内填满浆体;
d) 根据岩体完整程度和设计要求确定注浆方法和压力,确保钻孔灌浆饱满和浆体密实;
e) 注浆应注至孔口溢浆,遇孔内严重漏浆,应采取多次注浆(补浆)或其他措施处理;
f) 当仰斜孔采用先插杆后注浆的方法时,务必在孔口设置止浆器,并将排气管内端设置于孔底,待排气管或中空锚杆(索)空腔出浆时方可停止注浆;
g) 如遇塌孔或孔壁变形,注浆管插不到孔底时,必须对锚孔进行处理,必要时应补打锚孔或使用自钻式锚杆(索);
h) 自钻式锚杆(索)宜采用边钻边注水泥浆工艺,直至钻至设计深度;
i) 注浆设备应有足够的浆液生产能力,应能一次完成单根锚杆(索)的连续注浆;
j) 锚杆(索)注浆完成后应及时按附录A.2编制注浆施工记录表。

6.4.2 锚杆(索)安装后,在注浆体强度达到70%设计强度前,不得敲击、碰撞或牵拉,与钢筋网连接的锚杆(索)孔口处必须固定牢固。

6.5 锚杆(索)防腐与锚头处理

6.5.1 锚杆(索)的除锈、特殊防腐处理、砂浆保护层厚度等应满足设计要求。

6.5.2 永久性锚杆(索)自由端外端应埋入钢筋混凝土构件内50 mm以上或不小于设计要求。

6.5.3 锚孔口应按以下要求进行处理:
a) 锚杆(索)安装或孔口临时封堵后,应进行锚墩基面平整,清除浮土、碎石,安装孔口套管时,套管与孔轴、锚杆(索)同心,并嵌入孔内;
b) 锚墩外形尺寸、锚垫板下螺旋筋和加强筋应符合设计要求,锚垫板与套管应正交,偏斜不得超过0.5°;
c) 锚墩垫板一般宜采用钢板,安装尺寸误差不应大于±10 mm;
d) 锚墩混凝土强度等级应满足设计要求。

7 预应力锚杆(索)施工

7.1 一般规定

7.1.1 预应力锚杆(索)施工主要工序包括钻孔、清孔、锚杆(索)制作与安设、注浆、养护、张拉与锁定、封锚。

7.1.2 预应力锚杆（索）工程施工前，应根据地质灾害治理锚固工程的设计条件、现场地层条件和环境条件，编制能确保质量、安全、工期及环保的施工组织设计，并按图纸施工。

7.1.3 施工前要认真检查原材料型号、品种、规格及锚杆（索）各部件的质量，并确认原材料和施工设备的主要技术性能符合设计要求。

7.1.4 预应力锚杆（索）施工前，宜取两根锚杆（索）进行钻孔、注浆和张拉的试验性作业，校核施工工艺和施工设备的适应性。

7.2 锚孔定位与成孔

7.2.1 锚孔定位与成孔应符合本规程6.2.1的相关规定。

7.2.2 压力分散型锚杆（索）和可重复高压灌浆型锚杆（索）施工宜采用套管护壁钻孔工艺。

7.2.3 钻孔机械应考虑钻孔通过的岩土类型、成孔条件、锚固类型、锚杆（索）长度、施工现场环境、地形条件、经济合理性和施工速度等因素进行选择。

7.2.4 当锚固体结构松散，或钻孔缩径明显，可增大孔径。

7.3 杆体的制作、储存与安放

7.3.1 一般规定：

a) 杆体组装宜在工厂或施工现场专门作业棚内的台架上进行；
b) 杆体组装应按设计图所示的形状、尺寸、构造要求进行组装；
c) 在杆体的组装、存放、搬运过程中，应防止筋体锈蚀、防护体系损伤、泥土或油渍的附着和过大的残余变形。

7.3.2 预应力钢筋或钢绞线下料长度应符合设计尺寸及张拉工艺操作要求。计算公式如下：

a) 端头锚
$$L = s + h$$

b) 对穿锚
$$L = s + 2h$$

c) 环锚
$$L = s + h_1 + h_2$$

式中：

L——钢绞线下料长度（mm）；

s——实测孔道长度（mm）；

h——锚垫板外钢绞线使用长度，包括工作锚板、限位板、工具锚板的厚度，张拉千斤顶长度和工具锚板外必要的安全长度之和（mm）；

h_1——孔口外张拉端钢绞线使用长度，包括孔口至工作锚板的间距，工作锚板、限位板的厚度，弧形垫座和传力筒的实测孔长，张拉千斤顶长度，工具锚板厚度及其板外必要的安全长度之和（mm）；

h_2——孔口外被动端钢绞线使用长度，包括孔口至工作锚板的间距、工作锚板厚度及其板外必要的安全长度之和（mm）。

注1：有测力计的锚索，另加测力计高度。

注2：如锚固端为P型挤压锚、H型压花锚或BM型锚，应计其长度。

7.3.3 钢绞线必须采用切割机下料，严禁使用电弧或乙炔焰切割。

7.3.4 设计长度相同的锚索,钢绞线下料长度应相同,长度误差应不大于±10 mm。

7.3.5 无黏结筋编索前,应将锚固段及锚头 PE 套管剥去,使用清洗剂洗去油脂并套上止油护套,对裸露钢绞线进行防护。

7.3.6 锚索应根据设计结构进行编制,采用编帘法或隔离架集束,隔离架应按设计要求设置,其间距偏差小于 50 mm。

7.3.7 锚索编制中钢绞线应一端对齐,排列平顺,不得扭结,绑扎牢固,绑扎间距宜为 2 m。

7.3.8 内锚固段的进出浆管应按设计编入索体,靠近孔底的进浆管出口至锚索端部距离不宜大于 200 mm。

7.3.9 制索时,止浆环安装位置应符合设计要求,尺寸误差不大于±50 mm,并将止浆环与索体密封固定。端头锚索的导向帽应按设计要求制作,与索体连接应牢固可靠。

7.3.10 锚杆(索)制成后,经检验合格应签发合格证,并进行编号、挂标示牌,注明生产日期、使用部位、孔号。对穿锚杆(索)还应进行钢绞线编号,同根钢绞线两端编号应相同。

7.3.11 合格锚杆(索)应按编号整齐、平顺地存放在距地面 20 cm 以上的支架或垫木上,不得叠压存放。支架间距宜为 1.0 m~1.5 m,并进行临时防护。锚杆(索)存放场地应干燥、通风,不得接触硫化物、氯化物、亚硫酸盐、亚硝酸盐等有害物质,并应避免杂散电流。

7.3.12 可重复高压注浆锚杆(索)杆体的制作,应符合下列规定:
a) 在编排钢绞线或高强钢丝时,应安放可重复注浆套管和止浆密封装置;
b) 止浆密封装置应设置在自由段与锚固段的分界处,密封装置的两端应牢固绑扎在锚杆(索)的杆体上,在被密封装置包裹的注浆套管上至少应留有一个注浆阀。

7.3.13 荷载分散型锚杆(索)杆体的制作,应符合下列规定:
a) 压力分散型锚杆(索)或拉力分散型锚杆(索)杆体应先制作成单元锚杆(索),再由两个或两个以上的单元锚杆(索)组装成复合型锚杆(索);
b) 当压力分散型锚杆(索)单元锚杆(索)的端部采用聚酯纤维承载体时,无黏结钢绞线应绕承载体成 U 型,再用钢带与承载体捆绑牢固。采用钢板承载体时,挤压锚固件应与钢板连接可靠;
c) 在荷载分散型锚杆(索)各单元锚杆(索)的外露端,应做好标记。在锚杆(索)张拉或芯体拆除前,该标记不得损坏;
d) 承载体应与钢绞线牢靠固定,并不得损坏钢绞线的防腐油脂和外包塑料(PVC)软管。

7.3.14 锚杆(索)杆体的储存应符合本规程6.3.2规定。

7.3.15 锚杆(索)制作过程中应按规范要求同时做好防腐措施;制作后,进行检查验收,并填写附录 A.3 预应力锚杆(索)编制合格证。

7.3.16 锚杆(索)杆体的安放除应符合本规程6.3.3的有关规定外,还应满足以下要求:
a) 锚杆(索)放入锚孔前,宜用导向探头探孔,应核对锚索编号与孔号是否一致,完善隐蔽工程检查验收;
b) 安装操作时,应防止锚杆(索)扭曲、弯曲,避免锚固段钢绞线受到污染,锚杆(索)入孔角度应与钻孔角度一致。

7.4 注浆

7.4.1 注浆设备与注浆工艺应符合以下规定:
a) 搅拌机和注浆泵应有足够的生产能力,注浆管应有足够的尺寸,以保证能在 1 h 内完成单孔锚杆(索)的连续注浆;

b) 对下倾的钻孔注浆时,注浆管应插入距孔底 300 mm～500 mm 处;
c) 对上倾的钻孔注浆时,应在孔口设置密封装置,并将排气管内端设于孔底。

7.4.2 注浆浆液的制备应符合下列规定:
a) 注浆材料应根据设计要求确定,并不得对杆体产生不良影响,对锚杆(索)孔的首次注浆宜做适配试验,确定合适的水灰比和灰砂比,必要时可加入一定量的外加剂或掺和料;
b) 注入水泥砂浆浆液中的砂子直径应不大于 2 mm;
c) 注浆浆液应搅拌均匀,随搅随用,浆液应在初凝前用完,并严防粒石、杂物混入浆液。

7.4.3 采用密封装置和袖阀管的可重复高压注浆型锚杆(索)的注浆还应遵守下列规定:
a) 重复注浆材料宜选用水灰比 0.45～0.55 的纯水泥浆;
b) 对密封装置的注浆应待孔口溢出浆液后进行,注浆压力不宜低于 2.0 MPa;
c) 初次重力注浆结束后,应将注浆管、注浆枪和注浆套管清洗干净;
d) 对锚固体的重复高压劈裂注浆应在初次注浆的水泥结石体强度达到 5.0 MPa 后,分段依次由锚固段底端向前端实施,重复高压灌浆的劈开压力不宜低于 2.5 MPa。

7.4.4 锚索的注浆应符合下列规定:
a) 有黏结预应力锚索应分两次进行灌浆,第一次灌浆必须保证锚固段长度内灌满,但浆液不得流入自由段,锚索张拉锁定后,应对自由端进行第二次灌浆;
b) 无黏结预应力锚索宜在锚固段长度和自由段长度内采取同步灌浆;
c) 注浆后,在浆体强度到达设计要求前,锚索不得受扰动;
d) 若采用机械式内锚头,宜采用活扣绑扎,安装过程中应采取措施防止外夹片脱落;
e) 若内锚固段注浆时发生止浆环破裂而漏浆,应拔出锚索,用清水将孔内浆液冲洗干净,更换止浆环,重新安装锚索,进行内锚固段灌浆;
f) 注浆完成后应及时按附录 A.2 编制注浆施工记录表。

7.4.5 在冬季施工时,应采取以下措施以防寒冷气候造成注浆体强度降低:
a) 注浆时,浆体的温度应保持在 5℃以上;
b) 拌和料应不含雪、冰和霜;
c) 锚索和任何接触注浆体的容器表面应无雪、无冰、无霜;
d) 注浆体应处于不会导致冷却的温度环境中。

7.5 张拉与锁定

7.5.1 锚杆(索)的张拉和锁定应符合下列规定:
a) 锚杆(索)锚头处的锚固作业应使其得到所设定的锚固时的张拉力;
b) 锚杆(索)张拉时,注浆体与台座混凝土抗压强度值应符合设计要求,且符合表 2 的规定;

表 2 预应力锚杆(索)张拉时灌浆体与台座混凝土的抗压强度值

锚杆(索)类型		抗压强度值/MPa	
		灌浆体	台座混凝土
土层锚杆(索)	拉力型	15	20
	压力型及压力分散型	25	20
岩土锚杆(索)	拉力型	25	25
	压力型及压力分散型	30	25

c) 锚头台座的承压面应平整,并与锚杆(索)轴线方向垂直;
d) 锚杆(索)张拉应有序进行,张拉顺序应考虑邻近锚杆(索)的相互影响;
e) 张拉用的千斤顶必须事先进行校准,最大出力应高于锚杆(索)超张拉时值的1.2倍;
f) 锚杆(索)进行正式张拉前,应取0.1～0.2的拉力设计值,对锚杆(索)预张拉1～2次,使杆体完全平直,各部位的接触紧密;
g) 张拉时,加载速率要平缓,速率宜控制在设计预应力值的0.1/min左右,卸荷速率宜控制在设计预应力值的0.2/min;
h) 锚杆(索)中的各股钢丝或钢绞线的平均应力,施加设计张拉力时,不宜大于钢材抗拉强度标准值的60%;施加超张拉力时,不宜大于钢材抗拉强度标准值的70%;
i) 超张拉力的数值,应根据锚夹具的性能和造孔质量确定,一般情况下超张拉力不宜超过设计张拉力的15%;
j) 隔时分级施加荷载,直至压力表无返回现象时,方可进行锁定作业;
k) 对锚杆(索)的张拉荷载与变形值应做好记录;
l) 通过多循环或单循环验收试验后,以50 kN/min～100 kN/min的速率加荷至锁定荷载值锁定;
m) 当锁定荷载等于锚杆(索)拉力设计值时,荷载分散型锚杆(索)的张拉锁定宜采用并联千斤顶组,同时对各单元锚杆(索)实施张拉并锁定;
n) 当锁定荷载小于锚杆(索)拉力设计值时,应由钻孔底端向顶端逐次对各单位锚杆(索)张拉后锁定,分次张拉的荷载值的确定应满足锚杆(索)在设计承载力条件下各钢绞线受力均等的原则;
o) 锚杆(索)锁定工作,应采用符合技术要求的锚具;
p) 锚杆(索)张拉荷载分级及观测时间应遵守表3的规定。锚杆(索)张拉和锁定施工记录应按本规程附录A.4整理。

表3 锚杆(索)张拉荷载分级及观测时间

张拉荷载分级	位移观测时间/min	
	岩层、砂质土	黏性土
$0.10N_t$	2	5
$0.25N_t$	5	5
$0.50N_t$	5	5
$0.75N_t$	5	5
$1.00N_t$	5	10
$1.10N_t \sim 1.20N_t$	10	15
锁定荷载	10	10

7.5.2 锚杆(索)锁定48 h后,若应力强度损失超过设计强度10%,应进行补偿张拉。
7.5.3 荷载分散型锚杆(索)的张拉锁定方法按附录B执行。
7.5.4 锚头施工应遵循以下规定:
    a) 锚具、垫扳应与锚索体同轴安装,锚索体锁定后其轴线角度偏差应小于5°;
    b) 应确保垫板与垫墩接触面无任何空隙;

c) 确保锚具以内锚杆（索）孔中注浆饱满；
d) 切割多余锚索体应采用冷切割方法，锚具外保留长度大于 5 mm；
e) 锚头的防腐处理应符合设计要求。

7.6 预应力锚杆（索）防腐

7.6.1 锚杆（索）各部件的防腐材料与构造应在锚杆（索）施工及使用期内不发生损坏且不影响锚杆（索）使用功能。

7.6.2 锚杆（索）锚固段防腐应满足设计要求，应遵守下列规定：
a) 采用Ⅰ、Ⅱ级防护构造的锚杆（索）杆体，水泥浆保护层厚度应不小于 20 mm；
b) 采用Ⅲ级防护构造的锚杆（索）杆体，水泥浆保护层厚度应不小于 10 mm。
c) 其他防腐构造施工应符合 GB 50086《岩土锚杆与喷射混凝土支护工程技术规范》中"表 4.5.4 锚杆（索）ⅠⅡⅢ级防腐保护构造设计表"的相关要求。

7.6.3 永久性锚杆（索）防腐处理应符合下列规定：
a) 对于钢绞线、精轧螺纹钢制作的预应力锚杆（索），其自由段可按本规程 6.5.1 进行防腐蚀处理后装入套管中；自由段套管两端 100 mm～200 mm 长度范围内用黄油充填，外绕扎工程胶布固定；
b) 预应力锚杆（索），其锚头的锚具经除锈、涂防腐漆三度后应采用钢筋网罩、现浇混凝土封闭，且混凝土强度等级不应低于 C30，混凝土保护层厚度不应小于 50 mm。

7.6.4 锚杆（索）锚头的防腐保护还应遵守下列规定：
a) 永久锚杆（索）在预应力筋的张拉作业完成后，应及时对锚具和承压板进行防腐保护；
b) 需调整预应力的永久性锚杆（索）的锚具与承压板宜装设钢质防护罩，其内应充满防腐油脂；
c) 不需调整拉力的永久性锚杆（索）的锚具、承压板及端头筋体可用混凝土防护，混凝土保护层厚度不应小于 50 mm。

8 其他锚固工程施工

8.1 一般规定

8.1.1 地质灾害治理锚固工程施工中涉及到的锚杆（索）施工要求应满足本规程第 6 节、第 7 节的规定。

8.1.2 地质灾害治理锚固工程施工应遵循按图施工的原则，并应满足各类锚固工程结构施工及质量验收相关规范的要求。

8.2 锚杆（索）挡土墙施工

8.2.1 肋板式挡土墙施工应遵守如下规定：
a) 在施工挡土墙时应预埋 PVC 管，管径应符合钻孔直径要求。当钢筋与预留位置冲突时，可调整钢筋间距以保证锚杆（索）预留孔位的定位要求；
b) 锚杆（索）插入肋板折弯长度不小于 35 d，且不小于 75 cm；
c) 肋板等结构钢筋和混凝土施工应符合 GB 50666《混凝土结构工程施工规范》的要求。

8.2.2 格构式锚杆（索）挡土墙施工应遵守如下规定：
a) 坡面应平整、密实，无表层溜滑体和蠕滑体；

b) 浆砌块石格构的砌筑施工及石材、砂浆等材料质量要求应符合 GB 50924《砌体结构工程施工规范》相关规定。
c) 钢筋混凝土格构施工应符合 GB 50666《混凝土结构工程施工规范》相关规定。
d) 锚杆(索)与格构结构的搭接施工应满足设计要求。

8.2.3 排桩式锚杆(索)挡土墙抗滑桩施工应遵守 DZ 0240《滑坡防治工程设计与施工技术规范》的相关规定。

8.3 锚喷支护施工

8.3.1 锚喷支护锚筋外露端应与喷射混凝土内钢筋网片有效搭接,其弯起长度、锚垫板施作、保护层厚度等应符合设计要求。

8.3.2 钢筋网片制安应遵守下列规定:
a) 使用的钢筋规格、钢材质量、钢筋网的网格尺寸,必须满足设计要求;
b) 钢筋使用前应清除污锈;
c) 钢筋网应沿开挖面喷射一层混凝土后铺设,与岩面距离 3 cm～5 cm。捆扎要牢固,在有锚杆(索)的部位宜用焊接法把钢筋网与锚杆(索)联结在一起;
d) 采用双层钢筋网时,第二层钢筋网应在第一层钢筋网被混凝土覆盖后铺设;
e) 钢筋网应与锚杆(索)或其他锚定装置联结牢固,喷射时钢筋不得晃动;
f) 当网片需要接长时,搭接长度应符合设计规定。

8.3.3 干法喷射混凝土水灰比不宜大于 0.45,湿法喷射混凝土水灰比不宜大于 0.55,水泥与砂石重量比宜为 1∶4.5～1∶4,砂率宜为 50 %～60 %。

8.3.4 喷射作业应遵守下列规定:
a) 喷射前应进行清表作业;
b) 喷射作业应分段分片依次进行,喷射顺序应自下而上;
c) 喷射操作时喷头不得正对钢筋;
d) 如发现脱落的喷层或大量回弹物被钢筋网"架住",必须及时清除,不得包裹在喷层内;
e) 喷射混凝土必须填满钢筋与岩面之间的空隙,并与钢筋黏结良好。喷射后,钢筋网上的喷层厚度应满足保护层的尺寸要求;
f) 一次喷射混凝土厚度,干法宜为 70 mm～100 mm,湿法宜为 80 mm～150 mm;
g) 分层喷射时,后层喷射应在前层混凝土终凝后进行,若终凝 1 h 后进行喷射,则应先用风、水清洗喷层表面;
h) 喷射混凝土时喷头与受喷面应垂直,宜保持 0.6 m～1.0 m 的距离;
i) 喷射混凝土养护时间一般不得少于 7 d,重要工程不得少于 14 d;
j) 喷射混凝土厚度及质量应满足设计要求。

8.3.5 喷射混凝土冬期施工应符合下列规定:
a) 喷射混凝土作业区的气温不应低于 5 ℃;
b) 混合料进入喷射机内的温度不应低于 5 ℃;
c) 当普通硅酸盐水泥配制的喷射混凝土低于设计强度的 30 % 时或矿渣水泥配制的喷射混凝土低于设计强度的 40 % 时,喷射混凝土不得受冻;
d) 不得在冻结面上喷射混凝土,也不宜在受喷面温度低于 2 ℃ 时喷射混凝土;
e) 喷射混凝土冬期施工的防寒保护可用毯子或在封闭的帐篷内加温等措施。

8.4 土钉墙施工

8.4.1 土钉墙施工应自上而下分层分段开挖,挖土分层厚度与土钉竖向间距一致,每开挖一层施作一层土钉,禁止超挖,每段长度宜为 15 m～30 m。

8.4.2 在坡面喷射混凝土支护前,应进行清表作业,开挖后的坡度不宜大于 1∶0.1。

8.4.3 土钉成孔施工宜符合下列规定：
  a) 孔深应不低于设计深度；
  b) 孔径应不小于设计孔径；
  c) 孔距允许偏差±100 mm；
  d) 成孔倾角偏差±2 ％。

8.4.4 喷射混凝土作业应满足本规程 8.3.4 的规定。

8.4.5 喷射混凝土面层中的钢筋网铺设应符合下列规定：
  a) 钢筋网应在喷射一层混凝土后铺设,钢筋保护层厚度不宜小于 20 mm；
  b) 采用双层钢筋网时,第二层钢筋网应在第一层钢筋网被混凝土覆盖后铺设；
  c) 钢筋网与土钉应连接牢固。

8.4.6 土钉注浆要求应满足本规程 6.4 的规定。

9 锚杆（索）试验

9.1 一般规定

9.1.1 锚杆（索）试验应主要包括锚杆（索）的基本试验、验收试验、蠕变试验和锚杆（索）的无损检测。

9.1.2 锚杆（索）的各项试验的最大试验荷载不应超过杆体极限抗拉力值的 4/5。

9.1.3 锚杆（索）试验的加载装置（千斤顶、油泵）的额定能力应不小于最大试验荷载的 1.2 倍,并能满足在所设定的时间内持荷稳定。

9.1.4 锚杆（索）试验的反力装置在计划的最大试验荷载下应具有足够的强度和刚度,并在试验过程中不发生故障。

9.1.5 锚杆（索）试验的计量测试装置（测力计、应变计、位移计等）的精度应经过确认,并保持不变。

9.1.6 荷载分散型锚杆（索）的试验应采用并联千斤顶组,按等荷载方式加荷、持荷和卸荷。

9.2 锚杆（索）的基本试验

9.2.1 永久性锚杆（索）工程必须进行锚杆（索）的基本试验（极限抗拔力试验）。临时性锚杆（索）工程应进行锚杆（索）的基本试验。

9.2.2 锚杆（索）极限抗拔力试验的地层条件、杆体材料和锚杆（索）参数、施工工艺必须与工程锚杆（索）相同,且试验数量不少于 3 根。为取得锚杆（索）锚固体的极限抗拔力值,必要时可增加杆体截面积。

9.2.3 锚杆（索）极限抗拔力试验应采用多循环张拉试验,其加荷、持荷、卸荷方法应符合以下规定：
  a) 预加的初始荷载应取最大试验荷载的 1/10；分 5～10 级加载到最大试验荷载,每级持荷时间宜为 10 min（黏性土）和 5 min（砂性土、岩石）,锚杆（索）试验的加荷、持荷和卸荷模式应符合附录 C 的要求；

b) 试验中的加荷速度宜为 50 kN/min～100 kN/min;卸荷速度宜 100 kN/min～200 kN/min。

9.2.4 荷载分散型锚杆(索)的极限抗拔力试验的荷载施加方式应符合以下规定：

a) 采用并联千斤顶组,按每个单元锚杆(索)各安装一个千斤顶,由一个油泵操作并施荷的等荷载方式加荷、持荷与卸荷；

b) 当不具备上述条件时,可按锚杆(索)前端至底端的顺序对各单元锚杆(索)逐一进行多循环张拉试验。

9.2.5 锚杆(索)极限抗拔试验出现下列情况之一时,应判定锚杆(索)破坏：

a) 在 10 min 持荷时间内锚杆(索)或荷载分散型锚杆(索)的某一单元锚杆(索)位移大于 2.0 mm；

b) 锚杆(索)杆体破坏。

9.2.6 极限抗拔力试验结果宜按荷载与对应的锚头位移列表整理并按附录C中图C.2模式绘制锚杆(索)荷载-位移($T-\delta$)曲线,锚杆(索)荷载-弹性位移($T-\delta_e$)曲线,锚杆(索)荷载-塑性位移($T-\delta_p$)曲线。

9.2.7 锚杆(索)极限承载力取破坏荷载的前一级荷载,在最大试验荷载下未达到锚杆(索)破坏标准时,锚杆(索)极限承载力取最大试验荷载。

9.2.8 每组锚杆(索)极限承载力值的最大差值不大于 30% 时,应取最小值作为锚杆(索)的极限承载力；当最大差值大于 30% 时,应增加试验锚杆(索)数量,按 95% 保证概率计算锚杆(索)的极限承载力。

9.2.9 锚杆(索)的极限抗拔试验及方法详见附录C。

9.3 锚杆(索)的验收试验

9.3.1 锚杆(索)验收试验的目的是检验施工质量是否达到设计要求。

9.3.2 锚杆(索)验收一般采用承载力抗拔试验,对于重要工程尚宜进行锚固深度无损检测。

9.3.3 安全等级为Ⅰ级的锚杆(索)加固工程,验收数量不少于总量的 5%,其他等级锚杆(索)加固工程,验收数量不少于总量的 3%,且均不应小于 3 根。

9.3.4 锚杆(索)多循环验收试验方法应符合以下规定：

a) 最大试验荷载：永久性锚杆(索)取锚杆(索)轴向拉力设计值的 1.5 倍；临时性锚杆(索)取锚杆(索)轴向拉力设计值的 1.2 倍；

b) 荷载级数宜大于 5 级,加荷速度宜为 50 kN/min～100 kN/min,卸荷速度宜为 100 kN/min～200 kN/min。

c) 预加的初始荷载宜为锚杆(索)轴向拉力的 1/10,之后的多循环加荷、持荷、卸荷方法应符合图 1 的规定。各级持荷时间均为 10 min；多循环张拉验收试验加荷、持荷和卸荷方式应符合图 D.1 的要求。

d) 各级 10 min 的持荷时间内,按持荷 0 min,1 min,2 min,5 min,10 min 测读一次锚杆(索)位移值；

e) 荷载分散型锚杆(索)多循环张拉验收试验施荷方式应符合本规程 9.2.3、9.2.4 条的要求。

9.3.5 锚杆(索)多循环张拉验收试验结果的整理与判定应符合以下规定：

a) 锚杆(索)验收试验结果应按图 2 的要求整理锚杆(索)荷载-位移($T-\delta$)曲线、锚杆(索)荷载-弹性位移($T-\delta_e$)曲线,锚杆(索)荷载-塑性位移($T-\delta_p$)曲线。

b) 锚杆(索)验收试验结果满足验收合格的标准：

1) 最大试验荷载条件下,在 10 min 持荷时间内锚杆(索)的位移量应小于 1.0 mm,若不能满足,则在持荷至 60 min 时,锚杆(索)位移量应小于 2.0 mm;
2) 压力型锚杆(索)或压力分散型单元锚杆(索)在最大试验荷载作用下实测的弹性位移应大于锚杆(索)杆体非黏结长度的理论弹性伸长值的 90 %,且小于锚杆(索)杆体非黏结长度理论弹性伸长值的 110 %。
3) 拉力型锚杆(索)或拉力分散型单元锚杆(索)在最大试验荷载作用下,所测得的弹性位移量应超过该荷载下杆体自由段理论弹性伸长值的 80%,且小于杆体自由段长度与 1/2 锚固段之和的理论弹性伸长值。

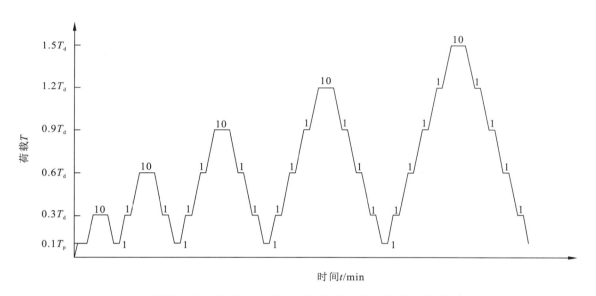

图 1　锚杆(索)多循环张拉验收试验加荷、持荷和卸荷方式

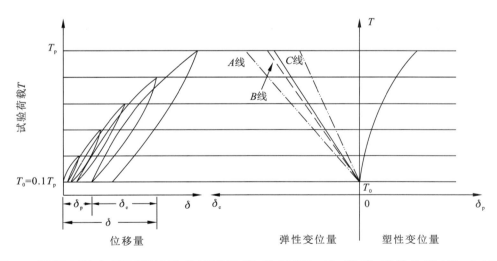

图 2　锚杆(索)多循环张拉验收试验荷载-位移(T-δ)、荷载-弹性位移(T-δ_e)和荷载-塑性位移(T-δ_p)曲线

9.3.6 锚杆(索)单循环验收试验应符合以下规定:
　　a) 最大试验荷载:永久性锚杆(索)取锚杆(索)轴向拉力设计值的 1.2 倍,临时性锚杆(索)取锚杆(索)轴向拉力设计值的 1.1 倍。
b) 荷载级数宜大于 4 级,加荷速度宜为 50 kN/min～100 kN/min,减荷速度宜为100 kN/min～200 kN/min。
c) 预加的初始荷载为最大试验荷载的十分之一,之后的加荷、持荷及减荷方法应采用图3。
d) 在最大试验荷载持荷时间内,测读位移的时间为 0 min,1 min,2 min,3 min,4 min,5 min后;
e) 荷载分散型锚杆(索)单循环张拉验收试验施荷方式应符合本规程9.2.3、9.2.4条的要求。

9.3.7 锚杆(索)单循环张拉验收试验结果整理与判定应符合以下规定:
a) 试验结果应按图3要求整理出锚杆(索)-荷载位移关系曲线;
b) 锚杆(索)试验结果满足锚杆(索)验收合格要求的标准:
(1) 与多循环验收试验结果相比,在同等荷载作用下,两者的荷载-位移曲线包络图及锚杆(索)塑性位移曲线均相近似;
(2) 所测得的锚杆(索)或单元锚杆(索)弹性位移值应符合9.3.5条2)款的要求。

9.3.8 当验收锚杆(索)不合格时,应按锚杆(索)总数的30%重新抽检,重新抽检还有锚杆(索)不合格时,应全数进行检验。

9.3.9 锚杆(索)总变形量应满足设计允许值,且应与地区经验基本一致。

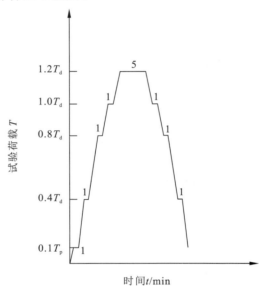

图 3　锚杆(索)单循环张拉验收试验加荷、持荷和卸荷方式

9.4 锚杆(索)的蠕变试验

9.4.1 塑性指数大于 17 的土层锚杆(索)、极度风化的泥岩或节理裂隙发育张开,且充填有黏性土的岩层中的锚杆(索)应进行蠕变试验。用作蠕变试验的锚杆(索)不得少于 3 根。

9.4.2 锚杆(索)蠕变试验加荷等级与观测时间应满足表 4 的规定。在观测时间内荷载必须保持恒定。

9.4.3 每级荷载按持荷时间间隔 1 min、2 min、3 min、4 min、5 min、10 min、15 min、20 min、30 min、45 min、60 min、75 min、90 min、120 min、150 min、180 min、210 min、240 min、270 min、300 min、330 min、360 min 记录蠕变量。

9.4.4 试验结果按荷载-时间-蠕变量整理,并按图4绘制蠕变量-时间对数($S-\lg t$)曲线,蠕变率由下式计算:

$$K_c = \frac{S_2 - S_1}{\lg t_2 - \lg t_1}$$

式中:
S_1——t_1 时所测得的蠕变量;
S_2——t_2 时所测得的蠕变量。

表 4 锚杆（索）蠕变试验加荷等级及观测时间

加荷等级	观测时间/min	
	临时锚杆（索）	永久性锚杆（索）
$0.25T_d$	—	10
$0.50T_d$	10	30
$0.75T_d$	30	60
$1.00T_d$	60	120
$1.20T_d$	90	240
$1.5T_d$	120	360

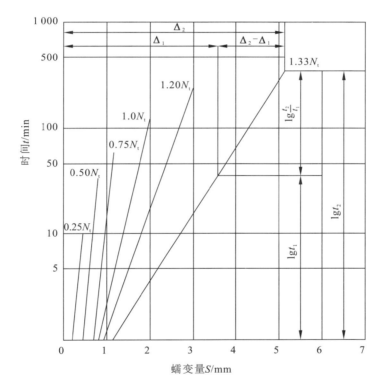

图 4 锚杆（索）蠕变量-时间对数关系曲线

9.4.5 锚杆（索）在最大试验荷载作用下的蠕变率应不大于 2.0 mm/对数周期。

9.5 锚杆（索）的无损检测

9.5.1 锚杆（索）锚固质量无损检测内容应包括锚杆（索）杆体长度和锚固密实度检测。

9.5.2 锚杆（索）锚固质量无损检测应委托有检测资质的单位承担，检测机构应通过计量认证，并应具有相应资质。检测人员应经上岗培训合格，并应持证上岗。

9.5.3 锚杆（索）锚固质量应分项或单元进行抽样检测。

9.5.4 锚杆（索）锚固质量无损检测资料分析，宜对照无损检测工程锚杆（索）模拟实验成果或类似工程锚杆（索）锚固质量无损检测资料进行。

9.5.5 单项或单元工程整体锚杆（索）检测抽样率不应低于锚杆（索）数量的 10 %时，且每批不宜少于 20 根。重要部位和重要功能的锚杆（索）宜全部检测。

9.5.6 当单项或单元工程抽检锚杆（索）的不合格率大于 10 %时，应对未检测的锚杆（索）进行加倍抽检。

9.5.7 锚杆（索）检测结果应以简报、单项或单元工程检测报告的方式提交。

9.5.8 单项或单元工程检测报告宜在各期简报的基础上综合整理分析后编制。

9.5.9 检测报告宜包含下列主要内容：
   a) 工程项目及检测概况；
   b) 检测依据；
   c) 检测方法及仪器设备；
   d) 检测资料分析；
   e) 检测成果综述；
   f) 检测结论；
   g) 附表和附图。

10 锚固工程监测与维护

10.1 一般规定

10.1.1 锚固工程监测分为施工期监测和治理效果监测；施工阶段应由业主委托有资质的监测单位编制监测方案，并在施工阶段及完工后的运行阶段对锚杆（索）和锚固结构定期进行检查和监测。

10.1.2 工程监测方案应包括监测项目、测点数量、监测仪表与设施、监测频率、监测数据与反馈的要求、监测数据预警值和应急预案。

10.1.3 地质灾害治理锚固工程竣工后，应严格按照设计条件和运行要求对锚固结构进行管理和维护，锚杆（索）的锚头、防腐保护系统和监测系统应严加保护。

10.1.4 应事先制定应急处理方案，根据监测结果及时对锚固结构采取修补和治理措施。

10.1.5 在检查设定锚杆（索）的承载力和防腐状况时，被临时拆除的锚头混凝土和注浆体，应及时修复。

10.1.6 工程维护管理应包括工程施工阶段和工程使用阶段全过程，业主和有关工程责任方应定期检查工程监测与检测结果，判断工程安全状况，若监测数据有异常，则应采取有针对性的处治措施。

10.2 监测项目

10.2.1 地质灾害锚固治理工程应进行以下项目监测：
   a) 预应力锚杆（索）锚头与被锚固结构的变形；
   b) 锚固与喷射混凝土支护地层及受开挖影响的建构物的变形；
   c) 预应力锚杆（索）的拉力及其随时间的变化；
   d) 预应力锚杆（索）头部的腐蚀状况；
   e) 喷射混凝土层的变形与腐蚀状况；
   f) 锚固桩和格构等结构的外观状况；
   g) 地下水位。

10.2.2 根据工程需要，必要时可对锚杆（索）持有承载力、喷层与地层间黏结应力等项进行监测。

10.2.3 施工监测报告的内容主要包括部位、项目、方法、仪器型号、规格和标定资料。施工期监测的原始资料应包括预应力损失值及应力-应变曲线图。

10.3 预应力锚杆(索)拉力的长期监测

10.3.1 永久性或临时性预应力锚杆(索)均应进行锚杆(索)拉力的长期监测。

10.3.2 单个独立工程预应力锚杆(索)拉力的监测数量应符合表5的规定,并不得少于3根。

10.3.3 锚杆(索)拉力的监测,在安装测力计的最初10天宜每天测定一次,第11天～30天宜每3天测定一次,以后则每月测定一次。但当遇有暴雨及持续降水、临近地层开挖、相邻锚杆(索)张拉、爆破振动以及拉力测定结果发生突变等情况时应加密监测频率。锚杆(索)拉力监测时间应根据工程对象、锚杆(索)初始拉力的稳定情况、锚杆(索)使用期限等情况确定,永久性锚杆(索)工程的锚杆(索)拉力监测应不少于5年或终生监测。

表5 预应力锚杆(索)拉力的监测数量

工程锚杆(索)总量/根	监测拉力的锚杆(索)数量百分比/%	
	永久性锚杆(索)	临时性锚杆(索)
<50	10	8
50～100	7	5
>100	5	3

10.3.4 锚杆(索)拉力的监测宜采用钢弦式、液压式测力计,监测仪器应具有良好的稳定性和长期工作性能,使用前应进行标定,合格后方可使用。

10.3.5 预应力变化值不宜大于锚杆(索)设计轴向拉力值的10%,必要时可采取重复张拉或适当放松以控制预应力变化。

10.3.6 对可重复张拉锚杆(索),还可采用再张拉方法进行锚杆(索)拉力和承载力测定。

10.4 锚杆(索)腐蚀状况检查分析

10.4.1 在腐蚀环境中工作的预应力锚杆(索)或锚头混凝土出现开裂、剥落等异常情况时,应进行锚杆(索)腐蚀状况的检查分析。

10.4.2 检查锚杆(索)腐蚀状况的锚杆(索)数量和频率,可根据锚杆(索)工作环境、锚头变形、锚杆(索)拉力变化情况确定。

10.4.3 锚杆(索)腐蚀状况检查应着重于检查锚头及距锚头1.0 m范围内的自由段杆体的腐蚀状况。

10.4.4 对腐蚀环境中的永久性锚杆(索),在其使用期内应进行锚杆(索)腐蚀状况的检查分析。

10.4.5 检查分析腐蚀状况的锚杆(索)数量,可根据地质灾害治理锚固工程的工作环境和工作状态(被锚固地层和结构物的变形等)确定。

10.4.6 应重点对锚头和临近锚头自由端的锚杆(索)腐蚀状况进行检查。可拆除锚头保护钢罩、混凝土保护层以及对距锚头1.0 m范围的自由段注浆体进行外观检查,或取样进行物理化学分析。

10.5 锚固工程安全状态的预警值

地质灾害锚固治理工程安全控制的预警值应按表6确定。

表6 工程安全控制的预警值

项目	预警值
锚杆（索）初始预应力（锁定荷载）变化幅度	≤±10％锚杆（索）拉力设计值
锚头及锚固地层或结构物的变形量与变形速率	根据地层性状、工程条件及当地经验确定
持有的锚杆（索）极限抗拔力与设计要求的锚杆（索）极限抗拔力之比	≤0.9
锚杆（索）腐蚀引起的锚杆（索）筋体截面减小率	≤10％

10.6 监测信息反馈与处理

10.6.1 对地质灾害锚固治理工程的监测结果应及时反馈给设计、施工单位和工程管理部门；

10.6.2 当所监测的锚杆（索）初始预应力值变化大于锚杆（索）轴向拉力设计值的±10％时，应采取重复张拉或适当卸荷；

10.6.3 锚头或被锚固的结构物变形明显增大并接近变形预警值时，应增补锚杆（索）或采用其他措施予以加强；

10.6.4 锚杆（索）防腐保护体系存在缺陷或失效时，应采取修补恢复措施，并根据锚杆（索）腐蚀情况进行补强处理。

11 工程质量检验及验收

11.1 一般规定

11.1.1 地质灾害锚固治理工程施工过程及竣工后，应按设计要求和质量合格条件分部分项进行质量检验和验收。

11.1.2 工程施工中对检验出不合格的锚杆（索）或喷射混凝土支护层，应根据不同情况分别采取增补、更换或修复等方法处理。

11.1.3 工程施工过程中遇到故障时，应查明故障原因，进行专门处理和验收，合格后才能进行下一步工序施工，以保障工程质量。

11.2 锚杆（索）施工质量控制与检验

11.2.1 锚杆（索）施工全过程中，必须认真做好锚杆（索）的质量控制检验和试验工作。

11.2.2 预应力锚固工程施工期监测的内容、数量、部位和监测方法应按设计要求实施。

11.2.3 施工期原位监测工作应与预应力锚杆（索）张拉同步进行，及时整理资料，迅速反馈信息，进行动态设计，调整施工工艺。

11.2.4 对需要转入运行期监测的项目应注意保护并及时移交。如在规定的监测期内仪器发生故障、失效，应尽快修复继续监测。

11.2.5 原材料及产品质量检验应包括下列内容：
   a) 出厂合格证检查；
   b) 现场抽检试验报告检查；

c) 锚杆(索)浆体强度、喷射混凝土强度检验。

11.2.6 锚杆(索)的抗拔力检验应符合本规程9.3锚杆(索)验收试验的有关规定；喷射混凝土抗压强度与黏结强度检验应符合GB 50086《岩土锚杆与喷射混凝土支护工程技术规范》的相关规定。

11.2.7 锚杆(索)工程的质量检验与验收标准应符合表7的规定。

表7 锚杆(索)工程质量检验与验收标准

项目	序目	检验项目		允许偏差或允许值	检查方法
主控项目	1	杆体长度/mm		不小于设计值	用钢尺量无损检测
	2	锚杆(索)拉力值/kN		达到设计要求	现场试验
	3	锚杆(索)锁定力/kN		±10%拉力设计值	测力计量测
	4	锚头及锚固工程变形		小于工程变形预警值	现场量测
一般项目	1	锚杆(索)位置/mm		±100	用钢尺量
	2	钻孔直径/mm		不小于设计值	用卡尺量
	3	钻孔倾斜度/mm		2%钻孔长	现场量测
	4	锚杆(索)孔深/mm		+100	钢尺量测
	5	锚固段长度		设计要求	尺量检查钻头直径
	6	锚垫板		与岩面紧贴	观察
	7	注浆量		不小于理论计算浆量	检查计量数据
	8	注浆饱满度		≥90%	无损检测
	9	浆体强度		达到设计要求	试样送检
	10	杆体插入长度	预应力锚杆(索)	不小于设计长度的95%	用钢尺量
			非预应力锚杆(索)	不小于设计长度的98%	

11.2.8 锚孔质量检查应包括下述内容：
a) 锚孔的位置、直径、孔深和垂直度，当采用预扩孔型锚杆(索)时，应检查扩孔部分的直径和深度；
b) 锚孔的清孔情况；
c) 锚孔周围混凝土是否存在缺陷，是否已基本干燥，环境温度是否符合要求；
d) 钻孔是否伤及钢筋。

11.2.9 锚固质量的检查应符合下列要求：
a) 对于化学植筋应对照施工图检查植筋位置、尺寸、垂直(水平)度及胶浆外观固化情况等；用铁钉刻划检查胶浆固化程度，以手拔摇方式初步检验被连接件是否锚牢锚实等。
b) 膨胀型锚杆(索)和扩孔型锚杆(索)应按设计或产品安装说明书的要求检查锚固深度、预紧力控制、膨胀位移控制等。

11.3 锚杆(索)挡土墙施工质量控制与检验

11.3.1 锚杆(索)挡土墙施工中锚杆(索)的质量控制与检验应符合本规程11.2的规定。

11.3.2 肋板式、排桩式、格构式锚杆(索)挡墙施工中的混凝土施工质量与检验应按现行国家标准GB 50204《混凝土结构工程施工质量验收规范》的有关规定执行。

11.3.3 格构式锚杆(索)挡土墙中砌体结构施工质量和检验应按现行国家标准 GB 50203《砌体结构工程施工质量验收规范》的有关规定执行。

11.4 锚喷支护质量控制与检验

11.4.1 原材料与混合料的质量控制应遵守下列规定：
  a) 每批材料到达工地后应进行质量检查，合格后方可使用；
  b) 喷射混凝土混合料的配合比以及拌和的均匀性，每工作班检查次数不得少于两次，条件变化时应及时检查。

11.4.2 喷射混凝土厚度的检查应遵守下列规定：
  a) 控制喷层厚度应预埋厚度控制钉、喷射线，永久性喷射混凝土厚度应采用钻孔法检查；
  b) 用钻孔法检查喷层厚度为每 80 m²～100 m² 检查一个点；
  c) 喷层合格条件：用钻孔法检查的所有点中应有 80% 的喷层厚度不小于设计厚度，最小值不应小于设计厚度的 80%。

11.4.3 喷射混凝土应进行抗压强度和黏结强度试验，必要时还应进行抗弯强度、残余抗弯强度(韧性)、抗冻性和抗渗性试验。喷射混凝土抗压强度和黏结强度试验的试件数量、试验方法及合格标准应遵守 GB 50086《岩土锚杆与喷射混凝土支护工程技术规范》及本规程附录 D、附录 E 的相关规定。

11.4.4 喷射混凝土层的厚度、抗压强度、黏结强度、表面平整度和表面质量应符合表 8 的规定。

表 8 喷射混凝土工程质量检验与验收标准

项目	序目	检查项目	允许偏差或允许值	检查方法
主控项目	1	配合比	达到设计强度要求	现场称重
	2	喷射混凝土抗压强度/kPa	达到设计要求	执行本规程11.4.3规定
	3	喷射混凝土与岩石黏结强度	不得空鼓，达到设计要求	用锤击法检验
	4	喷射混凝土厚度/mm	－20(设计厚度≥100) －10(设计厚度≤100)	执行本规程11.4.2规定
一般项目	1	表面平整度(沿任何直线方向3 m以内)/mm	±20	用尺量
	2	表面质量	密实、平整、无裂缝、脱落、漏喷、露筋、空鼓或渗漏水	观察检查

11.4.5 锚喷支护工程竣工后，应按设计要求和质量合格条件进行验收。

11.4.6 锚喷支护工程验收时，应提供下列资料：
  a) 原材料出厂合格证，工地材料试验报告，代用材料试验报告；
  b) 锚喷支护施工记录；
  c) 喷射混凝土强度、厚度、外观尺寸及锚杆(索)抗拔力等检查和试验报告，预应力锚杆(索)的性能试验与验收试验报告；
  d) 施工期间的地质素描图；
  e) 隐蔽工程检查验收记录；

f) 设计变更报告；
g) 工程重大问题处理文件；
h) 竣工图。

11.5 不合格锚杆(索)的处理

11.5.1 对不合格的锚杆(索)，若具有能二次高压灌浆的条件，应进行二次灌浆处理，待灌浆体达到75％设计强度时再按验收试验标准进行试验；否则应按实际达到的试验荷载最大值的50％(永久性锚杆(索))或70％(临时性锚杆(索))进行锁定,该锁定拉力值可按实际提供的锚杆(索)承载力设计值予以确认。

11.5.2 按不合格锚杆(索)所在位置或区段，核定实际达到的抗力与设计抗力的差值，并采用增补锚杆(索)的方法予以补足。

11.5.3 锚杆(索)验收试验不合格时，应增加锚杆(索)试件数量，增加的锚杆(索)试件应为不合格锚杆(索)的3倍。

11.6 竣工验收

11.6.1 地质灾害治理锚固工程验收应取得下列资料：
a) 工程勘察及工程设计文件；
b) 工程用原材料的质量合格证和质量鉴定文件；
c) 各检验批、分部、分项工程施工记录和验收资料；
d) 隐蔽工程检查验收记录；
e) 锚杆(索)基本试验、验收试验记录及相关报告；
f) 喷射混凝土强度(包括喷射混凝土与岩体黏结强度)和厚度的检测记录及报告；
g) 设计变更报告；
h) 工程重大问题处理文件；
i) 监测设计、实施及监测记录与监测结果报告；
j) 竣工图。

11.6.2 对设计要求进行锚杆(索)预应力长期监测的工程，验收时应提交相应的报告。

11.6.3 地质灾害治理锚固工程验收应符合下列规定：
a) 已按批准的设计图纸、技术文件及承包合同中的有关规定施工完毕，工程质量符合设计要求，具备投入使用条件；
b) 在施工过程中发生的质量问题，经处理后已达到设计要求。

11.6.4 地质灾害治理锚固工程验收分为单位工程验收和单项工程验收，其验收均含交工验收和竣工验收。

附 录 A
（资料性附录）
地质灾害锚固治理工程施工记录表

表 A.1 锚杆（索）钻孔施工记录表

工程名称_____ 施工单位_____ 钻孔日期_____
设计孔长_____ 设计孔径_____ 钻机型号_____

锚杆（索）编号	地层类别	钻孔直径/mm	套管外径/mm	钻孔时间/min	钻孔长度/m	套管长度/m	钻孔倾角/°	备注

注1：备注栏记录钻孔过程中的异常情况，如塌孔、缩径、地下水情况及相应的处理方法。
注2：进行压水试验的钻孔应记录压水试验结果和相应的处理方法。

监理工程师_____ 技术负责人_____ 工长_____ 质检员_____ 记录员_____

表 A.2 锚杆(索)注浆施工记录表

工程名称_____ 施工单位_____ 注浆日期_____
设计浆量_____ 注浆设备_____

锚杆(索)编号	地层类别	注浆部位	注浆材料及配合比	注浆开始时间	注浆终止时间	注浆压力/MPa	注浆量/L	备注

注:注浆材料及配合比包括外加剂的名称和掺量。

监理工程师_____ 技术负责人_____ 质检员_____ 记录员_____

表 A.3 预应力锚杆（索）编制合格证

工程名称_____ 合同号_____
施工单位_____ No：施_____

锚杆（索）编号				吨位/kN			类型	
钢绞线	根数		直径		下料长度		孔内长度	
	去皮、清洗、除锈情况							
止浆环	材料及直径			气囊耐压		环氧封填		
灌(回)浆管	材料及直径			耐压		长度		
架线环	材料及直径			锚固段距离		张拉段距离		
	架线环及索体绑扎情况							
波纹管	材料			直径		长度		
	外对中隔离支架安装及导向帽的连接							
导向帽	直径			长度		安装		
索体	锚固段长			张拉段长		索体总长		
	外观检查							
施工单位自检结论	质检员_____ 技术负责人_____ 　　　　　　　　　　　　　　　　　　　　　　　　年　月　日							
监理单位意见	监理工程师_____ 　　　　　　　　　　　　　　　　　　　　　　　　年　月　日							

表 A.4 锚杆(索)张拉记录表

工程名称_____ 合同号_____
施工单位_____ No：施_____

锚杆(索)编号		预警千斤顶		锚杆(索)总长/m	
类　　型		张拉千斤顶		内锚段长/m	
吨位/kN		油泵编号		压力表编号	
钢绞线面积			钢绞线弹模		

	序号	压力表读数/MPa	实际张拉吨位/kN	钢绞线测长/mm			实际伸长量/mm	理论伸长量/mm	稳压时间/min
				初始读数	加载读数	稳压读数			
分级张拉	1								
	2								
	3								
	4								
	5								
	6								
锁　　定									
锁定损失									
锁定损失率									

施工单位结论：

质检员_____ 技术负责人_____ 单位负责人_____

　　　　　　　　　　　　　　　　　　　　　　年　　月　　日

监理单位意见：

监理工程师_____

　　　　　　　　　　　　　年　　月　　日

附 录 B
（规范性附录）
荷载分散型锚杆（索）的张拉锁定方法

B.1 单元锚杆（索）的荷载、位移及预加荷载计算应符合以下要求：

a) 每个单元锚杆（索）所受的拉力 T_n，由式 B.1 计算：

$$T_n = \frac{T_d}{n} \quad\quad\quad\quad (B.1)$$

式中：
T_n——每排锚杆（索）所受的拉力（kN）；
T_d——锚杆（索）拉力设计值；
n——单元锚杆（索）数量（个）。

b) 每个单元锚杆（索）的弹性位移模量 S_i，由式 B.2 计算：

$$S_i = \frac{T_n \times L_i}{E_s \times A_s} \quad (i=1,2,3,\cdots,n) \quad\quad\quad\quad (B.2)$$

式中：
S_i——每个单元锚杆（索）的位移量（mm）；
A_s——每个单元锚杆（索）钢绞线的截面积（mm²）；
L_i——每个单元锚杆（索）的长度（mm）；
E_s——钢绞线的弹性模量（N/mm²）。

c) 各单元锚杆（索）的预加荷载 T_i，由式 B.3 计算：

$$T_i = T_{i-1} + [(i-1) \times T_n - T_{i-1}] \times \frac{S_{i-1} - S_i}{S_{i-1}} \quad (i=2,3,4,\cdots) \quad\quad (B.3)$$

B.2 各单元锚杆（索）的张拉锁定应符合以下规定：

a) 将张拉工具锚夹片安装在第一单元锚杆（索）位于锚头处的筋体上，按张拉管理图张拉至荷载 P_2，见图 B.1、图 B.2。

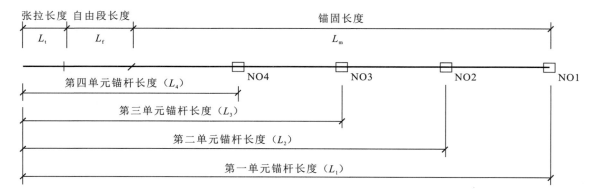

图 B.1 荷载分散型锚杆（索）长度示意图

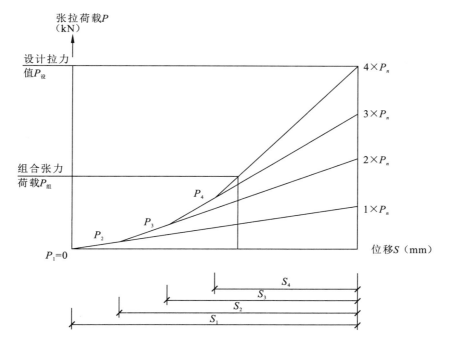

图 B.2 张拉管理图

b) 在张拉工具锚夹片仍安装在第一单元锚杆(索)钢绞线的基础上,再将张拉工具锚夹片安装在第二单元锚杆(索)的钢绞线上,继续张拉至张拉管理图上荷载 P_3;
c) 在张拉工具锚夹片仍安装在第一、二单元锚杆(索)钢绞线的基础上,再将张拉工具锚夹片安装在第三单元锚杆(索)的钢绞线上,继续张拉至张拉管理图上荷载 P_4;
d) 在张拉工具锚夹片仍安装在第一、二、三单元锚杆(索)钢绞线的基础上,再将张拉工具锚夹片安装在第四单元锚杆(索)的钢绞线上,继续张拉至张拉管理图上的组合张拉荷载 $P_组$;
e) 各单元锚杆(索)组合张拉至设计拉力值或锁定拉力值。

附 录 C
（规范性附录）
锚杆（索）的极限抗拔试验

C.1 基本规定

C.1.1 锚固工程质量应进行抗拔承载力的现场检验。

C.1.2 锚杆（索）抗拔承载力现场检验可分为非破坏性检验和破坏性检验。对于一般结构及非结构构件，可采用非破坏性检验；对于重要结构构件及生命线工程非结构构件应采用破坏性检验。

C.2 试样选取

C.2.1 锚固抗拔承载力现场非破坏性检验可采用随机抽样方法取样。

C.2.2 同规格、同型号、基本相同部位的锚杆（索）组成一个检验批。抽取数量按每批锚固总数的1‰计算，且不少于3根。

C.3 检验设备

C.3.1 现场检验用的仪器、设备，如拉拔仪、x-y记录仪、电子荷载位移测量仪等，应定期检定。

C.3.2 加荷设备应能按规定的速度加荷，测力系统整机误差不应超过全量程的±2%。

C.3.3 加荷设备应能保证所施加的拉伸荷载始终与锚杆（索）的轴线一致。

C.3.4 位移测量记录仪能连续记录。当不能连续记录荷载位移曲线时，可分阶段记录，在达到荷载峰值前，记录点应在10点以上。位移测量误差不应超过0.02 mm。

C.3.5 位移仪应保证能够测量出锚杆（索）相对于基材表面的垂直位移，直至锚固破坏。

C.4 检验方法

C.4.1 加荷设备支撑环内径 D_0 应满足下列要求：化学植筋 $D_0 \geqslant D_{max}(12\ d, 250\ mm)$，膨胀型锚杆（索）和扩孔型锚杆（索） $D_0 \geqslant 4\ h_{ef}$。

C.4.2 锚杆（索）拉拔检验可选用以下两种加载制度：
   a) 连续加载，以匀速加载至设定荷载或锚固破坏，总荷载时间为2 min～3 min。
   b) 分级加载，以预计极限荷载的10%为一级，逐级加荷，每级荷载保持1 min～2 min，至设定荷载或锚固破坏。

C.4.3 非破坏性检验，荷载检验值应取 $0.9A_s f_{yk}$ 及 $0.8 N_{Rk,c}$ 计算之较小值。f_{yk} 为钢筋屈服强度的标准值，$N_{Rk,c}$ 为非钢材破坏承载力标准值。

C.5 检验结果评定

C.5.1 非破坏性检验荷载下，以混凝土基材无裂缝、锚杆（索）或植筋无滑移等宏观裂损现象，且2 min持荷期间荷载降低≤5%时为合格。当非破坏性检验为不合格时，应另抽不小于3根锚杆（索）做破坏性检验判断。

C.5.2 对于破坏性检验，该批锚杆（索）的极限抗拔力满足下列规格为合格：

$$N^c_{Rm} \geq [\gamma_u]N_{sd} \quad \cdots\cdots\cdots\cdots\cdots\cdots\cdots\cdots\cdots\cdots\cdots\cdots\cdots\cdots\cdots \text{(C.1)}$$
$$N^c_{Rmin} \geq N_{Rk.}{}^* \quad \cdots\cdots\cdots\cdots\cdots\cdots\cdots\cdots\cdots\cdots\cdots\cdots\cdots\cdots\cdots \text{(C.2)}$$

式中：

N_{sd}——锚杆（索）拉力设计值

N^c_{Rm}——锚杆（索）极限抗拔力实测平均值

N^c_{Rmin}——锚杆（索）极限抗拔力实测最小值

$N_{Rk.}{}^*$——锚杆（索）极限抗拔力标准值

$[\gamma_u]$——锚固承载力检验系数允许值，近视取$[\gamma_u]=1.1\gamma_R$，按表 C.1 取用。

表 C.1 锚固承载力分项系数 γ_R

项次	符号	锚固破坏类型	被连接结构类型	
			结构构件	非结构构件
1	$\gamma_{Rs,N}$	混凝土锥体受拉破坏	3.0	2.15
2	$\gamma_{Rc,V}$	混凝土楔形体受剪破坏	2.5	1.8
3	γ_{Rp}	锚栓穿出破坏	3.0	2.15
4	γ_{Rsp}	混凝土劈裂破坏	3.0	2.15
5	γ_{Rcp}	混凝土剪撬破坏	2.5	1.8
6	$\gamma_{Rs,N}$	锚栓钢材受拉破坏	$1.3f_{stk}/f_{yk} \geq 1.55$	$1.2f_{stk}/f_{yk} \geq 1.4$
7	$\gamma_{Rs,V}$	锚栓钢材受剪破坏	$1.3f_{stk}/f_{yk} \geq 1.4$ （$f_{stk} \leq 800$ MPa 且 $f_{yk}/f_{stk} \leq 0.8$）	$1.2f_{stk}/f_{yk} \geq 1.25$ （$f_{stk} \leq 800$ MPa 且 $f_{yk}/f_{stk} \leq 0.8$）

C.5.3 当实验结果不满足 C.5.1 和 C.5.2 相应规定时，应会同有关部门依据试验结果，研究采取专门措施处理。

C.5.4 预应力锚杆（索）极限抗拔力加荷、持荷和卸荷方式应符合图 C.1 的规定。

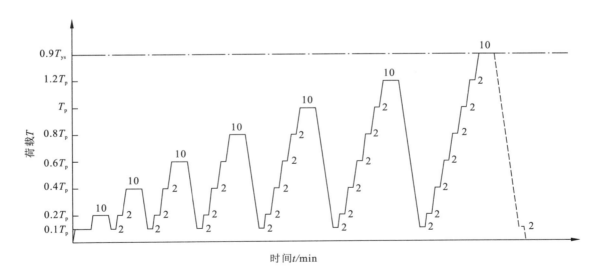

图 C.1 锚杆（索）极限抗拔力试验方法

C.5.5 锚杆(索)极限抗拔力试验的荷载-位移、荷载-弹性位移、荷载-塑性位移图应按图C.2的规定。

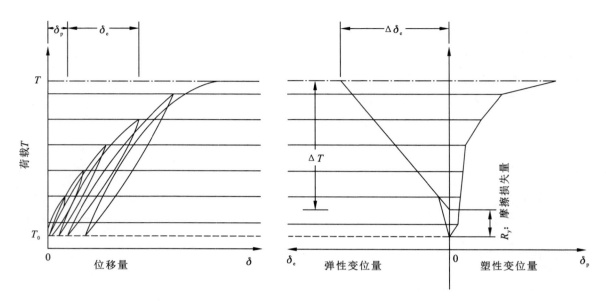

图 C.2 锚杆(索)极限抗拔力试验荷载-弹性位移、荷载-塑性位移曲线

附 录 D
（规范性附录）
喷射混凝土抗压强度标准试块制作方法

D.1 喷射混凝土抗压强度标准试块应采用从现场施工的喷射混凝土板件上切割或钻心法制取。最小模具尺寸为 450 mm×450 mm×100 mm（长×宽×高），模具一侧边为敞开状。

D.2 标准试块制作应符合下列步骤：
  a) 在喷射作业面附近，将模具敞开一侧朝下，以 80°（与水平面的夹角）左右置于墙脚。
  b) 先在模具外的边墙上喷射，待操作正常后将喷头移至模具位置由下而上逐层向模具内喷满混凝土。
  c) 将喷满混凝土的模具移至安全地方，用三角抹刀刮平混凝土表面。
  d) 在潮湿环境中养护 1 天后脱模。将混凝土板件移至试验室，在标准养护条件下养护 7 天，用切割机去掉周边和上表面（底面可不切割）后加工成边长 100 mm 的立方体试块或钻芯成高 100 mm、直径为 100 mm 的圆柱状试件，立方体试块的允许偏差为：边长±10 mm，直角≤2°。喷射混凝土板件周边 120 mm 范围内的混凝土不得用作试件。

D.3 加工后的试块继续在标准条件下养护至 28 天龄期，进行抗压强度试验。

附 录 E
（规范性附录）
喷射混凝土黏结强度试验

E.1 喷射混凝土与岩石或硬化混凝土的黏结强度试验可在现场采用对被钻芯隔离的混凝土试件进行拉拔试验完成，也可在试验室采用对钻取的芯样进行拉力试验完成。

E.2 钻芯隔离试件拉拔法及芯样拉力试验示意图见图 E.1 及图 E.2。

E.3 试件直径尺寸可取 50 mm～60mm，加荷速率应为 1.3 MPa/min～3.0 MPa/min；加荷时应确保试件轴向受拉。

E.4 喷射混凝土黏结强度试验报告应包括试块编号、试件尺寸、养护条件、试验龄期、加荷速率、最大荷载、测算的黏结强度以及对试件破坏面和破坏模式的描述。

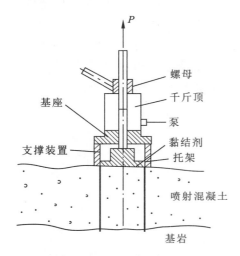
图 E.1 对钻心隔离的喷射混凝土试件的拉拔试验

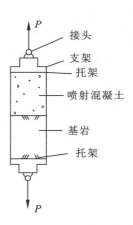
图 E.2 钻取试件的直接拉力试验